AF259648

LETTRE

DE M. COSTE

À M. RASPAIL,

SUR

L'EMBRYOGÉNIE.

PARIS. — IMPRIMERIE DE CASIMIR,
RUE DE LA VIEILLE-MONNAIE, N° 12.

AVANT-PROPOS.

Lorsque je présentai à l'Académie les œufs humains qui ont soulevé, entre **M.** Velpeau et moi, une discussion sur l'origine et la nature du cordon ombilical, **M.** Raspail pensa que le problème resterait long-temps encore sans solution, s'il ne prenait le parti de poser les principes qui, selon lui, devaient concilier toutes les opinions. Une première réponse à **M.** Raspail fut insérée dans *le Réformateur,* et déjà je me réjouissais d'avance à l'idée de voir tous mes doutes se dissiper à la clarté d'une polémique provoquée, quand tout à coup **M.** Raspail m'apprend, par la voie de son journal, que l'impolitesse de mes argumens lui commande de clore la discussion. Je m'empresse donc de publier moi-même la *réponse incivile* qui doit faire sentir jusqu'à quel point, dans son amour de la paix et de l'urbanité, **M.** Raspail pousse la prudence.

LETTRE

DE M. COSTE

A M. RASPAIL,

SUR L'EMBRYOGÉNIE.

Monsieur,

Dans la discussion qui s'est élevée entre nous, il ne s'agit pas de savoir si, de ce qu'un ovule végétal, un globule de graisse ou de fécule, sont attachés, comme vous le dites, par un pédicule, on doit en conclure que le fœtus des mammifères et de la femme doit nécessairement avoir son cordon ombilical formé à toutes les époques de son développement; mais de constater si, comme l'observation directe me l'a démontré, ce cordon ombilical ne se forme pas à une époque plus ou moins avancée de la gestation. Or, tant qu'aucun fait bien positif ne viendra m'apprendre le contraire de ce que j'ai vu assez souvent pour ne pas craindre de me tromper, je croirai à la stérilité de tous les raisonnemens. Vous avez, il est vrai, essayé d'invoquer l'observation directe en signalant un corps blanc, examiné par vous et M. le docteur Kuhn, dans l'ovaire d'une femme, et tenant par un funicule aux parois d'une cellule. Mais il me semble que, si vous y réfléchissez bien, ce singulier corps n'a aucun des caractères qui distinguent l'œuf, et que vous n'avez peut-être pas assez pénétré l'intimité de son organisation pour donner une base solide à votre opinion; car l'œuf de la femme étant, dans l'ovaire, d'une extrême petitesse, il est impossible de l'observer en place et de s'assurer par conséquent de l'existence de la prétendue adhérence que vous lui supposez. Et quand bien même cette adhérence que je nie formellement serait constatée, quelle analogie pourriez-vous lui assigner avec le cordon ombilical du fœtus de la femme et des mammifères? — Dans les animaux, le cordon ombilical s'étend de l'embryon à la membrane extérieure de l'œuf; dans l'ovule végétal au contraire, c'est de la membrane extérieure à la cellule *maternelle*. Ainsi donc, le corps blanc dont vous avez parlé n'étant pas un œuf, il s'ensuit qu'à l'époque de votre observation vous n'aviez peut-être pas encore une notion suffisante de l'organisation intime de l'œuf animal, et que, dans l'hypothèse de la réalité d'une ressemblance dont je ne veux pas m'occuper aujourd'hui, vous vous seriez exposé, par trop de précipitation, à comparer ensemble des parties qui, par leurs usages et leur position relative, n'ont probablement pas entre elles la plus légère analogie. Je pense donc que, pour ne pas s'exposer à d'inévitables erreurs, il conviendrait d'établir préalablement deux longues séries de faits embrassant toute la succession de transformations que l'œuf éprouve, dans l'un et l'autre règne, depuis le moment le plus rapproché de son origine jusqu'à son complet développement. Tous les phénomènes étant ainsi placés en regard dans l'ordre de leur correspondance, on pourrait alors, mais seulement alors, en toute connaissance de cause, consacrer des analogies ou des différences. Mais, si j'en juge par les travaux publiés jusqu'à ce jour, l'embryogénie végétale ne paraît pas être encore parvenue à un degré suffisant de perfection, à moins que vous ne possédiez des observations nouvelles, et dans ce cas, je m'estimerais heureux d'être la cause occasionelle de leur publication.

Quoi qu'il en soit, Monsieur, en réfléchissant à ce que vous avez dit sur le prétendu ovule humain observé par vous et M. Kuhn, dans l'ovaire ; sur l'amnios, que vous semblez disposé à confondre avec le blastoderme ; sur le mode de développement du système vasculaire, je me sens fort porté à croire que nous sommes loin d'attacher le même sens aux mots dont nous faisons usage, et je craindrais qu'en poursuivant la discussion dans les mêmes conditions, nous ne soyons entraînés assez loin l'un de l'autre pour ne jamais nous rencontrer. Ainsi, par exemple, s'il arrivait que nous donnions le même nom à un organe, de la structure et des relations duquel nous aurions chacun

tacitement une idée différente , il devrait nécessairement en résulter une confusion que la discussion augmenterait, et qu'un simple coup d'œil sur
un embryon aurait pu dissiper à l'instant. La science
n'est pas une arène où des *antagonistes* viennent se
disputer ou surprendre la victoire, mais un champ
d'asile ouvert aux savans dévoués, dont l'associa-
tion multiplie la puissance , et qu'un mystérieux
besoin de connaître semble pousser, comme malgré
eux , à demander aux lois générales du monde le
secret de la destinée humaine, dans l'harmonie
universelle. Assez d'hommes parlent aujourd'hui
d'abnégation et de dévouement lorsqu'ils prati-
quent l'égoïsme , d'amour et de tolérance quand
ils se livrent à tous les emportemens de la haine,
pour qu'il soit temps enfin de traduire la théorie
en fait , la morale en action , et de rompre en vi-
sière avec cette polémique sombre et chagrine qui
dispute et ne discute pas , et que des hommes
graves ont poussée quelquefois jusqu'au point de
soupçonner la bonne foi de leurs confrères, par
cela même qu'ils n'avaient pas songé d'avance à
définir nettement le sens de leurs paroles, et à
circonscrire le terrain sur lequel ils voulaient se
placer. Si donc nous voulons ne pas perdre un
temps précieux au milieu de ces puériles disputes,
qui, sans profit pour la science, n'aboutissent le
plus souvent qu'à une stérile satisfaction d'amour-
propre , nous devons commencer par limiter le
terrain sur lequel nous allons nous placer, établir
l'ordre qu'il importe d'adopter pour arriver plus
facilement au but que nous voulons atteindre, et

préciser surtout la valeur des mots, afin que nous ne puissions pas, même à notre insu, nous réfugier derrière la signification indéterminée d'une expression mal définie.

C'est pourquoi, Monsieur, disposé que je suis à répondre directement à toutes les questions que vous voudrez bien m'adresser, je prendrai la liberté de vous demander :

1° Ce que vous entendez par l'ovule de la femme où des mammifères, pris dans l'ovaire, et considéré dans sa forme et sa composition intime.

2° Comment vous concevez que cet ovule, après avoir pénétré dans la matrice, se modifie au point de manifester un blastoderme, un embryon, un amnios, une vésicule ombilicale, une vésicule allantoïde, un cordon ombilical et un placenta, et quelles sont les relations directes de chacune de ces parties entre elles.

Lorsque vous m'aurez fait l'honneur de me répondre, la différence de nos opinions sur chaque point en litige ressortira nettement d'une comparaison facile; et comme toute généralité doit reposer sur des faits bien observés, il suffira, quand des doutes s'élèveront sur la réalité de ces faits, d'examiner les préparations anatomiques au sein desquelles nous supposons qu'ils existent. J'en conserve, dans ma collection, en assez grand nombre pour suffire à toutes les exigences de la polémique, et dans le cas où de nouvelles expériences seraient nécessaires, je suis prêt à les répéter encore. Je regrette bien vivement qu'il ne me soit pas permis de les reproduire sous vos yeux; mais si vous voulez bien me désigner ceux de vos amis que vous chargerez de cette vérification, je m'empresserai de leur livrer toutes les pièces que je possède.

Quand nous aurons ainsi passé en revue tous les faits qui doivent servir de base à une embryogénie animale positive, nous pourrons aborder avec succès le développement des végétaux, dans le but de poser les limites des analogies. Nous pourrons aussi, sans craindre de nous égarer, attaquer la théorie de l'emboîtement des germes, après avoir toutefois défini bien rigoureusement ce qu'il faut entendre par *épigénèse*.

En attendant, Monsieur, je dois vous faire remarquer une erreur grave dans laquelle trop de précipitation vous a entraîné : vous avez prétendu que mes dessins militaient contre les opinions que je les destinais à défendre, et, pour preuve de cette assertion, vous avez dit que l'allantoïde y était représentée non point comme une vésicule, mais comme une membrane frangée présentant des traces d'une déchirure évidente. Or, Monsieur, si vous aviez pris la peine de me demander une explication, dont ces figures inédites n'étaient point accompagnées, vous auriez appris que les deux seuls fœtus qui présentent des allantoïdes déchirées ne sont autre chose qu'une répétition incomplète d'autres figures placées à côté, et dans lesquelles l'allantoïde est représentée avec une forme vésiculeuse qu'il n'est pas permis de méconnaître; et tout le monde comprendra pourquoi, lorsque j'ai voulu figurer les détails intimes d'un fœtus déjà dessiné avec son allantoïde complète, j'ai pu me dispenser de reproduire inutilement, une seconde fois, cette même allantoïde que l'artiste a supposée coupée en un point de sa longueur, comme cela se pratique toutes les fois qu'on n'a intérêt qu'à montrer une partie seulement d'un corps quelconque.

Maintenant, Monsieur, après une explication que vous auriez dû provoquer de ma part avant de prononcer un jugement au moins précipité, je vous le demande, que deviennent tous vos raisonnemens? — Au reste, je conserve encore les pièces que mes dessins représentent, et, si vous doutez un instant de la vérité de ce que j'avance, il serait facile de vous convaincre.

Enfin, et pour terminer, j'ajouterai encore quelques mots. — « Ce qui a pu induire M. Coste en « érreur, dites-vous, c'est qu'il aura été pénétré « de cette idée que, dans le cas où il existerait, le « cordon ombilical devrait avoir toujours la même « forme, et proportionnellement au fœtus la même « longueur. Il n'est pas venu à l'esprit de l'auteur « que ce point d'adhérence doit subir, dans ses « proportions, les mêmes métamorphoses que les « organes du fœtus. »

Ce passage, qui m'étonne, me sera une nouvelle occasion de vous faire sentir la nécessité d'établir les bases de la discussion ; car je m'aperçois que vous êtes peu au courant de la question, puisque vous m'adressez un reproche dont vous vous seriez abstenu si vous aviez pris la peine de lire le mémoire spécial sur l'origine de l'allantoïde, dans lequel, considérant le pédicule de cette

même allantoïde comme le cordon ombilical futur,
je me suis appliqué à faire ressortir toutes les mo-
difications que ce cordon éprouve. Vous voyez
donc, Monsieur, que le grave reproche que vous
m'adressez n'a d'existence que dans votre imagination, et vous êtes d'autant plus répréhensible,
que mon mémoire tout entier a été inséré dans
votre journal.

Recevez, Monsieur, l'assurance
de ma haute estime,

COSTE.

RÉPONSE

DE M. RASPAIL.

Nous recevons une nouvelle réponse de M. Coste ; nous l'avons parcourue avec attention , et nous y avons à peine trouvé deux faits qui méritent de notre part un complément d'explication. Tout le reste est un tissu de phrases ingénieuses qui ne pourraient trouver faveur qu'auprès de l'Académie et du ministère ; dans le *Réformateur*, on leur accorde pitié et pardon , et on les oublie.

1° Sur un sujet aussi peu riche en faits observés que l'est l'histoire de l'ovaire , nous en avons hasardé un que nous nous sommes empressés de donner comme incomplet sur tout le reste , excepté sur l'attache du corps blanc à la paroi interne de la vésicule de l'ovaire , au moyen d'un funicule. M. Coste nous attaque sur ce que ce fait est incomplet en tout le reste ; est-ce que M. Coste voudrait nous le voir compléter d'imagination ? c'est une bien mauvaise méthode.

Que le corps observé par nous avec M. Kuhn fût un embryon, ce que je ne pense pas, ou un ovule, il n'en est pas moins vrai qu'il vient à l'appui de cette idée que tout corps vésiculaire renfermé dans une vésicule tient à elle par un *hile.* C'est là tout ce que nous avons avancé; ce que veut de plus M. Coste est une mauvaise guerre.

2° « Dans les animaux, dit M. Coste, pour établir une différence entre les deux règnes, le cordon ombilical s'étend de l'embryon à la membrane extérieure de l'œuf. Dans l'ovule végétal, au contraire, c'est de la membrane extérieure à la cellule maternelle. » M. Coste ne fait pas attention que c'est improprement qu'on appelait *cordon ombilical* le *funicule* qui unit l'ovule végétal au *placenta*. Le *cordon ombilical*, véritable chez les végétaux, et dont on n'observe que la cicatrice, se trouve à la base de l'embryon végétal. Ainsi, cette observation de M. Coste est sans portée à nos yeux.

3° Nous avons dit que l'allantoïde de M. Coste n'est que la portion du cordon ombilical, qu'envahit progressivement la vascularité centrifuge de l'embryon, et nous avons avancé que les dessins de M. Coste même militent contre lui et en faveur de notre opinion. M. Coste nous dit que les figures que nous avons vues ont été dessinées avec des *allantoïdes* seulement indiquées, car, à côté, *l'allantoïde* se trouvait figurée intégralement. Nous pouvons assurer que, dans les trois planches que M. Coste a eu la complaisance de nous soumettre, rien de semblable ne se trouve; et que ses *allantoïdes* les plus intégralement dessinées n'ont rien d'une vésicule complète, d'une vésicule proprement dite.

Mais nous admettons cependant volontiers qu'à une certaine époque, la portion vasculaire du cordon ombilical peut s'offrir si distincte de la portion non vasculaire, et s'en séparer si nettement par l'effet de la décomposition ou de la déchirure, que l'illusion en soit plus complète, et que ce fragment simule un organe *sui generis*. Les faits analogues pullulent dans l'histoire des tissus animaux; mais nous lui soutenons encore que son *allantoïde*, en l'absence du cordon ombilical, n'est que le cordon ombilical lui-même, et que le cordon ombilical préexiste au développement vasculaire du fœtus.

M. Coste nous pose des questions à résoudre, et nous propose d'entamer un cours complet d'embryogénie. Nous consentirions volontiers à subir cette thèse devant M. Coste, si M. Coste était un interrogateur plus poli, et si nous n'avions pas répondu déjà à toutes ces questions générales dans nos différens écrits sur la matière. Le public d'aujourd'hui a peu de goût pour les argumentations animées de la Sorbonne; il laisse les hommes pour ne s'occuper que des faits.

Quand M. Coste apportera des faits et non des récriminations injurieuses, nous les insèrerons dans toute leur latitude.

R.

Je m'abstiens de toute réflexion, afin de laisser au lecteur le soin d'apprécier les motifs qui ont déterminé M. Raspail à clore une discussion dans laquelle il s'était témérairement engagé.

C.